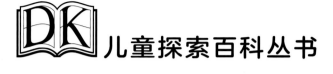

儿童探索百科丛书

登临世界之巅

—— 人类攀登珠穆朗玛峰纪实

1933 年，有两架飞机飞临喜马拉雅山地区，从空中勘查了珠穆朗玛峰

约翰·汉特召集所有队员开会，宣布最后确定的登顶队员名单

在 1953 年登顶珠穆朗玛峰的探险活动中，坚持到最高营地的夏尔巴人。他们中最顽强的一位得到了"猛虎"的美称

帐篷内也是奇冷无比，两个登山者一夜无眠

希拉里和丹增·诺盖在南侧的山脊上辛苦地搭起帐篷

就在主峰下方，希拉里遭遇了最后一道难关——一个冰川井，这中间刚刚能容下一个人站立。他将身体挤进这个缝隙，借助冰镐往上攀登。一边是光秃秃的岩石，一边是随时可能崩塌的冰墙，幸运的希拉里最终攀上了井顶

DK 儿童探索百科丛书

登临世界之巅

——人类攀登珠穆朗玛峰纪实

［英］理查德·普拉特　著

［英］拉塞尔·巴耐特 / 约翰·詹姆斯　绘

杨　静　译

四川科学技术出版社

图书在版编目（CIP）数据

登临世界之巅：人类攀登珠穆朗玛峰纪实 /（英）理查德·普拉特著；（英）拉塞尔·巴耐特，（英）约翰·詹姆斯绘；杨静译 . — 成都：四川科学技术出版社，2017.10（2018.10 重印）

（DK 儿童探索百科丛书）

ISBN 978-7-5364-8807-6

Ⅰ . ①登… Ⅱ . ①理… ②拉… ③约… ④杨… Ⅲ . ①珠穆朗玛峰 – 探险 – 儿童读物 Ⅳ . ① N82-49

中国版本图书馆 CIP 数据核字 (2017) 第 253762 号

著作权合同登记图进字 21-2017-650 号

登临世界之巅——人类攀登珠穆朗玛峰纪实

DENGLIN SHIJIE ZHIDIAN
——RENLEI PANDENG ZHUMULANGMAFENG JISHI

出 品 人　钱丹凝
著　　者　[英]理查德·普拉特
绘　　者　[英]拉塞尔·巴耐特　　[英]约翰·詹姆斯
译　　者　杨 静
责任编辑　张 琪
特约编辑　王冠中　米 琳　李香丽　房艳春
装帧设计　刘宝朋　张永俊　刘 朋
责任出版　欧晓春
出版发行　四川科学技术出版社
　　　　　成都市槐树街 2 号 邮政编码：610031
　　　　　官方微博：http://weibo.com/sckjcbs
　　　　　官方微信公众号：sckjcbs
　　　　　传真：028-87734037
成品尺寸　216mm×276mm
印　　张　3
字　　数　48 千
印　　刷　北京华联印刷有限公司
版次 / 印次　2018 年 1 月第 1 版 / 2018 年 10 月第 4 次印刷
定　　价　45.00 元

ISBN 978-7-5364-8807-6

本社发行部邮购组地址：四川省成都市槐树街 2 号
电话：028-87734035　邮政编码：610031

A WORLD OF IDEAS:
SEE ALL THERE IS TO KNOW
www.dk.com

Original Title: DK Discoveries: Everest
Copyright© 2000 Dorling Kindersley Limited
A Penguin Random House Company

致 谢

The publisher would like to thank:Alex Messenger at the British Mountaineering Council, Mark Brewster, Len Reilly, David Torr,and Walt Unsworth for specialist information; Robert Graham for research; Sheila Collins and Polly Appleton for design assistance;Carey Scott for editorial help; Frank Bennet of Lyon Equipment and Paul Simpkiss of DMM International Ltd.for pictures of climbing equipment;Chris Bernstein for the index.

The publisher would like to thank the following for their kind permission the reproduce their photographs:t=top, b=below, l=left, r=right,c=centre

Alpine Club Library: 38tl; Aurora & Quanta Productions Inc.: Robb Kendrick 33br; Chris Bonington Picture Library: 34br, 35bl; Doug Scott 30–31, 33tr, 35tl; Leo Dickinson 38cl; John Barry 39br;Bridgeman Art Library, London/New York: Christie's Images,London, UK 2–3; Fitzwilliam Museum, University of Cambridge,UK 4br; Giraudon 10–11; British Mountaineering Council: 34bl.Corbis UK Ltd: Jon Sparks 34tl;David Samuel Robbins 36tr; Alison Wright 37ct; DK Picture Library:15tr; DMM International: 35cl;Mary Evans Picture Library: 4br,13br, 16tl, 17br; John Frost Historical Newspapers: The Sunday Times 28tl; Hulton Getty: 5tr; Lyon Equipment: 34tr, 34cr; Mountain Camera/John Cleare: 33bl;N. A.S.A.: 12bl, 41br; John Noel Photographic Collection: 14cl, 15tl.Popperfoto: Reuters 4bl; Royal Geographical Society Picture Library: 5cr, 9tl, 9c, 13tl, 13tr,13cr, 14tl, 17tl, 17tr, 17cl, 17c, 18tr,18–19, 20cl, 21tr, 22bl, 23bl, 25b,27br, 29tl, 37tr; Alfred Gregory 9tr, 21tl; Bruce Herrod 36c, 36bl;Science Photo Library: Geospace 40tr; Woodfin Camp & Associates:Neil Beidleman 36–37.Jacket:Chris Bonington Picture Library:front br; Mountain Camera/John Cleare: front inside flap; John Noel Photographic Collection:back br; Royal Geographical Society: back cr.

目录

通向世界顶峰的路

古往今来，巍峨的高山对于人们来说是一个莫大的挑战。在崇山峻岭中行走，每一步都困难重重，而要在山中生存就更加举步维艰。到了距今 200 年前的时候，人们开始以一种崭新的眼光看待高山，想试一试自己到底能爬到多高的地方，而地球上最值得挑战的高山，当然是世界之巅——珠穆朗玛峰了。

山上的积雪融化成雪水，流入山中湖泊内

在何方

《高山湖泊》——卡尔·米尔纳（1825-1894）绘

当我抬起头，望着周围耸入云霄的这些如巨人般的高山时，感到山顶是那么遥不可及，不由得感叹：这岂是凡人能逾越的！

——《挑战珠穆朗玛峰》
弗朗西斯·荣赫鹏著
（1936年）

第一批高山探险者

在 18 世纪之前，几乎没什么人对世界各地的高山感兴趣，而在 18 世纪之后，情况就变了。高山开始吸引一批与众不同的登山者——研究自然的科学家。他们的注意力被欧洲阿尔卑斯山上的冰川所吸引。他们研究了冰川附近的岩石、气候，以及生长在低坡上的植被。山中的奇观让他们惊叹不已，而在山中幽居的生活更让他们兴奋异常。到了 18 世纪末，为了体验登山带来的刺激，许多人来到山中。在人们新编的词典中也出现了一个新词——登山运动。

冰川探险

18 世纪，阿尔卑斯山上的冰川让科学家们感到既兴奋又恐怖。这些浮着冰块的河流沿着山坡咔咔作响地往下缓缓移动。当时，只有最具冒险精神的科学家才敢真正爬到冰川上去。

扛梯人

在攀登勃朗峰时，为了翻越相当陡峭的地段，登山者都带着专门扛着梯子的人。

冰人奥兹

迄今为止，阿尔卑斯山最早最出名的探险者是一位叫奥兹的冰人。1991 年，保存着奥兹干尸的冰雪融化了，奥兹的尸体才被人们发现。他在冰雪中保存了 5 300 多年。

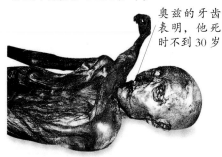

奥兹的牙齿表明，他死时不到 30 岁

随身之物

冰人尸体旁边散落着一些古代旅行者的装备：一个背包、一个毛皮斗篷、食物、弓、箭、燧石刀、一把青铜斧。从这些东西看，他可能是个牧师或猎人。

一把头部为铜质的斧头

一个装满箭的箭袋

登山队

索绪尔攀登勃朗峰时，有一大队向导和搬运工陪同。

挑战勃朗峰

登山作为一项体育运动始于 1760 年，因为在这一年，瑞士物理学家赫拉斯·德·索绪尔（1740-1799）设立奖项奖励第一个登上勃朗峰的人。勃朗峰横跨在法国和意大利的边界上，主峰海拔 4 810 米，是西欧的最高峰。这个奖项一直到 1786 年才有了得主。获奖者住在勃朗峰脚下，是瑞士沙莫尼镇上的一个医生。1787 年，索绪尔本人也登上了勃朗峰。

马特洪峰告捷

到 19 世纪时，未曾被人征服的西欧高峰是位于瑞士和意大利边界上的马特洪峰（又称切尔维诺峰或塞尔万峰），主峰海拔 4 478 米。英国登山家爱德华·温伯尔（1840-1911）下定决心要成为征服马特洪峰的第一人。他先后尝试了 8 次才成功。1865 年，他和 3 个伙伴及两个向导、一个搬运工登上了马特洪峰的峰顶。

他们用衬衫做了一面旗子，插在山顶

阿布鲁齐公爵

许多人都认为阿布鲁齐公爵（1873-1933）是最伟大的登山运动探险家。他是西班牙国王的儿子，在 19 世纪末到 20 世纪初，曾倡导了多次探险活动。亚洲、欧洲、非洲、北美洲许多著名的山脉上都留下了他的足迹。1909 年，他创了新的世界纪录，攀登世界第二高峰——乔戈里峰并达到 7 500 米的高度。乔戈里峰海拔 8 611 米，在中国与巴基斯坦的边境上。

山难

当温伯尔和他的同伴们还沉浸在成功的喜悦中时，灾难却正在悄悄降临。下山时，他们中的一个人爬上光滑的岩石，脚下一滑，摔下山去，导致连接整个团队成员的保险绳被扯断，下边的 4 个成员滚落山崖，全部遇难。这个悲剧使得温伯尔的登山生涯结束了。

中坚力量

温伯尔和同伴们把绳子套在岩石上想阻止同伴滑落。

攀登喜马拉雅山的先锋

到 19 世纪末，欧洲的登山者们对阿尔卑斯山没有了兴趣，他们把目光投到欧洲以外的山脉上。英国的格拉汉姆（上图）是第一位攀登喜马拉雅山的人。1883 年，他和两个瑞士向导登上了几座山峰，不过用他们的话说是"纯粹为了好玩、有趣"。

新手出现失误

道格拉斯·哈多（1846-1865）没什么登山经验，就是他的失误导致悲剧发生。

保险绳

保险绳是他们随身携带的三根绳子中最细的。

无法挽回的一摔

四个人跌跌撞撞滚下山，摔进深不可测的山谷中。

时尚运动

对待群山，有些人与科学家和探险家不同，他们是一群富有的登山爱好者。他们自 19 世纪 20 年代起，开始组建登山俱乐部，将登山发展成了一项少数人参与的时尚运动。后来，旅游代理人托马斯·库克开始为人们提供向导，引导人们在阿尔卑斯山中旅行。不过，一直到铁路线开通，收入一般的人们也能登顶之后，登山运动才真正得以普及；而这时，那些登山先锋们又开始抱怨登山的人太多了。

登山者和向导系在一根绳子的两端，以确保安全

早期的登山者
如何克服困难

19 世纪中期，登山运动成为真正意义上的体育运动。登山者开始研究新技术，发明新设备，用来解决登山途中遇到的困难。大多数登山者都有个共识，即登山运动员要具备三个基本条件：第一，也是最容易的一个，就是要有长距离徒步旅行的能力。第二，是要有攀岩本领，因为几乎每座山峰上都有陡峭的、光秃秃的岩石。由于许多高峰终年被积雪覆盖，即使夏天也不例外，所以第三就是，登山者必须学会使用在冰雪上攀登的设备。这样才有可能登上峰顶。

专业向导

19 世纪的登山者都依靠当地的向导登山。1865 年，英国的爱德华·温伯尔征服马特洪峰，靠的就是瑞士向导米歇尔·克劳茨（上图）的技术。

攀上岩石的人，把绳子系到凸起的岩石上起固定作用

上面的人把他和下面的人之间的绳子拉紧

登山者把每次爬过的绳子长度叫一个"节距"

岩钉和岩钉环

为了减小下降的高度，登山者都往岩石中钉岩钉（见右下框图解），然后再把保险绳穿过去

下面的登山者往上送绳子

这时，第二个登山者就可以往上攀登了

2. 安全的系绳方法

第一个攀上岩石的人找个安全的地方落脚，把绳子系到一块凸起的岩石上，固定好，然后"保护"他的同伴往上爬。所谓"保护"，就是当同伴往上爬时，他在另一端抓着绳子，如果同伴脚下打滑，他抓紧绳子，同伴就不会摔下去了。

3. 交替攀岩

等同伴爬上来，他们再这样攀爬下一段。如果两人攀登水平都很高，在较危险的地段，就交替承担先行攀爬的任务。

1. 攀岩

先行的登山者，腰上系着保险绳开始攀岩。一旦他脚滑摔下来，他的同伴会立即抓紧绳子，这样，他滑下的距离最多只有他和同伴之间的绳子那么长。

双重保险

直到近代，登山者才往岩石里钉钢钉以备不时之需。他们把这种钢钉称为"岩钉"，把岩钉上的金属环称为"岩钉环"。保险绳可以通过岩钉环固定到岩石上。

当代登山者用螺钉和螺母，不再用岩钉和岩钉环了。

岩钉环

岩钉环能开合，所以，人们能很轻松地把绳子套上、取下。

岩钉

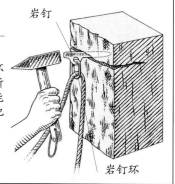

岩钉环

在冰雪上攀登

在坡度不大的冰坡上，登山者脚上套着一种叫"靴铁"的钉鞋，手中拿着冰镐来维持身体平衡。在雪压得很结实又很陡峭的雪壁上，还可以用靴铁踩出踏孔，以便往上攀登。如果雪坡太陡，登山者们就得和攀岩一样分别系在绳子两端，一个保护，一个往上爬。

冰镐

冰镐是登山者必备的工具，是他们的救命镐，因为它能救登山者的命。登山者摔下冰坡时，如果能把冰镐尖刺到冰坡中，就可以阻止或减缓下滑，这样就保住命了。

踏孔也可当把手用

艰难下行

在冰雪覆盖的山上攀爬，难度和危险性是可想而知的，而从冰雪覆盖的高山上往下走，难度与危险性和往上爬时是一样的。另外在往下爬时，登山者大都身心疲惫，这又增加了危险性。顺着斜坡往下凿踏孔是很困难的，登山者身体前倾，挥镐凿孔时的角度很难把握。

滑降

在雪坡上滑降是快速下山的好方法，但是这样做有一定的危险性，因为雪下常常藏着岩石和冰川裂隙。

靴铁   冰镐

滑降

冰上攀登必备的工具

靴铁是能系到登山者脚上的钉鞋，鞋上的钉子能帮助登山者在冰雪上安全行走。冰镐用来凿孔和维持身体平衡，还可插到雪中作为系安全绳的固定桩。

在爬行中凿踏孔

在相当陡峭、冰雪太硬的冰坡上攀登，靴铁也无济于事。这种情况下，登山者就得用冰镐在冰上凿踏孔。在海拔高、空气稀薄的地方凿踏孔，是很累人的事。一旦踏孔凿好了，队中其他成员就可以踏着这些孔往上爬，攀登起来就相对容易了。

把冰镐插入雪中可以减缓滑降速度

通过冰川裂隙

在冰川上行走，冰川裂隙是个大隐患。这些裂隙有的很深，藏在雪下，不易被人发现。系在绳子一端的小分队队长，对任何蛛丝马迹都不敢掉以轻心。一个小洞、雪地上晦暗的地方都不容忽视。穿越冰川裂隙时，所有人都要加倍小心。

1. 登山者要么绕过冰山裂隙，要么踩着雪桥过去。在过雪桥前，队长要用冰镐探探雪桥的强度，以免太冒险。

2. 有个牢固的系绳桩很必要，因为雪桥一旦崩塌，过桥人就要靠它保命了。一个人过桥时，另一个人要把保险系在一把插入雪中的冰镐上，或者套在一块牢固的冰上。

3. 即使第一个人安全顺利地过去了，也不能说明雪桥是稳固的。过了桥的人，必须保护系在绳子上的其他人过桥。

登山时遭遇的呼吸困难

早期实验
1922年，乔治·芬奇确定了在珠穆朗玛峰顶上需要补给的氧气量。

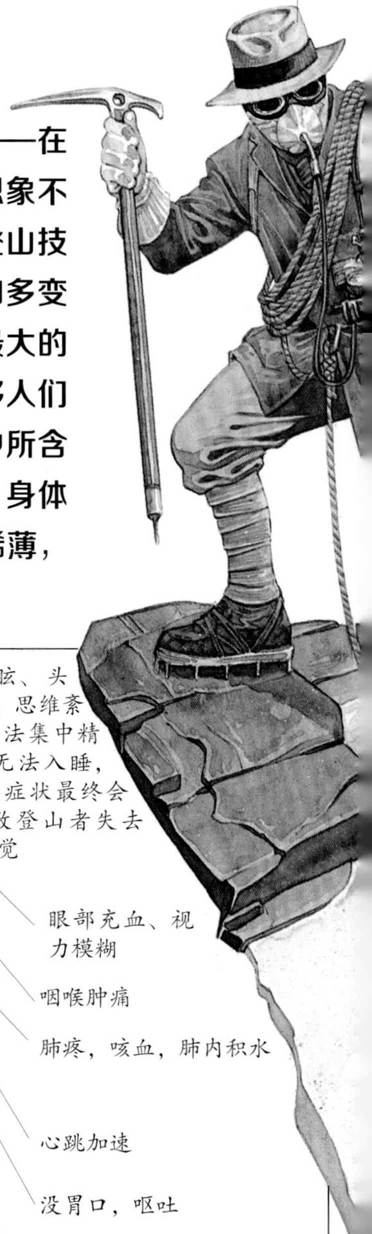

所有的人都开始感到眩晕、恶心，浑身难受。这感觉比喘不过气来还要痛苦万分。鲜血从牙龈和嘴唇里渗出来，眼睛也充血了，看上去像兔子似的。

——《在美洲赤道地区旅行见闻录》
德国探险家亚历山大·洪堡著
（1852年）

空气极其稀薄，刺骨的寒风几乎要把人冻僵，阳光经雪地反射，把人晃得头晕目眩——在珠穆朗玛峰上的登山者们面对的困难是常人想象不出来的。攀登其他高峰，登山者只需要具备登山技巧和体能，而要对付珠穆朗玛峰这样的高度和多变的气候，仅有这两项远远不够。严重缺氧是最大的危险。在海平面上，空气中所含的氧气量足够人们生存需要，可是随着登山者越爬越高，空气中所含的氧气量就越来越少，他们会感到呼吸困难，身体因而变得很虚弱。珠穆朗玛峰峰顶上空气太稀薄，人在上面根本没法长时间生存。

空气越来越稀薄

呼吸困难和心跳加速是高山反应的主要症状。在中等高度上，大多数人几天之后，就能适应含氧低的空气状况。再往高处走，只有一个办法可以避免出现严重的高山反应，那就是吸氧。

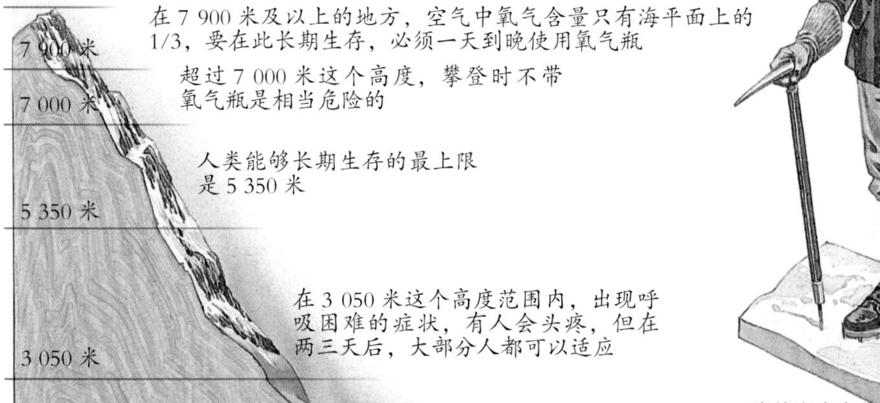

珠穆朗玛峰峰顶——8 844.43 米

在7 900米及以上的地方，空气中氧气含量只有海平面上的1/3，要在此长期生存，必须一天到晚使用氧气瓶

超过7 000米这个高度，攀登时不带氧气瓶是相当危险的

人类能够长期生存的最上限是5 350米

在3 050米这个高度范围内，出现呼吸困难的症状，有人会头疼，但在两三天后，大部分人都可以适应

氧气含量充足，可以呼吸顺畅并进行大量活动

7 900 米
7 000 米
5 350 米
3 050 米
海平面

不同海拔高度上人体反应图示

头晕目眩、头脑发胀、思维紊乱、无法集中精力、无法入睡，这些症状最终会导致登山者失去知觉

眼部充血、视力模糊

咽喉肿痛

肺疼，咳血，肺内积水

心跳加速

没胃口，呕吐

四肢虚脱，抽筋，做一点点动作也会让人精疲力竭

海拔高度变化对人体的影响

海拔高度对人的影响

不同的人对稀薄的空气反应是不一样的，但攀登珠穆朗玛峰的人都会出现上面列出的几个症状。缺氧对脑部的影响是最危险的，因为缺氧会导致人的思维运转失常，患者往往意识不到自己病了。

冻伤的第一症状是手脚麻木。搓脚有助于保持血液循环通畅，防止冻伤

冻伤

一旦身体某一部位暴露在外，珠穆朗玛峰上刺骨的寒风能立刻把肉冻住。冻住的结果是冻伤——受冻的部位失去知觉，颜色变得灰暗。如果冻伤严重，冻伤部位的肉可能会坏死、腐烂。超保暖的衣物、靴子虽然能有效防止冻伤，但是也没法保全所有部位。许多攀登珠穆朗玛峰的人还是冻掉了最易冻伤的部位——脚趾。

雪盲

如果登山者没有佩戴任何保护眼睛的东西，乍一看到阳光照射下的雪地，双眼会暂时失明。上图中夏尔巴向导戴的是太阳镜的替代品。这是1953年攀登珠穆朗玛峰时，英国登山者在补给用完的情况下，用纸板和有色塑料给他们的向导和搬运工制作的太阳镜。

夏尔巴人（生活在中国、尼泊尔、印度、不丹边境的山地民族）称这种瓶装氧气为"英国空气"

充满氧气的钢瓶就装在这种背式托架中

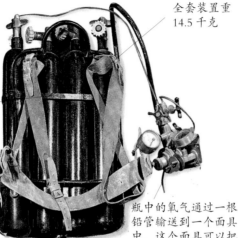

全套装置重14.5千克

瓶中的氧气通过一根铅管输送到一个面具中，这个面具可以把没用掉的氧气回收起来循环使用

1922年的氧气装备

氧气瓶的使用

早在1907年，登山者就尝试过借助氧气瓶中的氧气克服高山反应。直到20世纪20年代，乔治·芬奇和乔弗里·布鲁斯在珠穆朗玛峰上测试并确定了用氧量之后，氧气瓶才得以在登山运动中普及。事实证明：使用了氧气瓶，登山者们才得以在很高的海拔高度上生存下来，另外，尽管氧气瓶很重，但吸氧后人的体力比不带氧气瓶、不吸氧要更持久。不过，也有登山者认为，借助氧气瓶就算不上是体育运动了。

乔弗里·布鲁斯帮助芬奇在6400米的高度测试氧气装备

如何缓解高山反应

如今，高山反应严重的人，可以躺到超压箱内或伽莫夫袋中强行加氧，以缓解各种症状。往袋中充气的效果和往山下走了一段路一样。

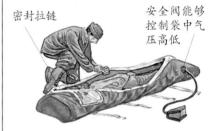

密封拉链

安全阀能够控制袋中气压高低

进入超压箱

超压箱用于治疗高山反应太严重、下不了山的人。适应了高山反应的人帮助病倒的同伴进入超压箱，然后拉上拉链。

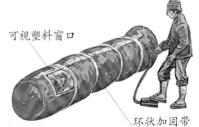

可视塑料窗口

环状加固带

人工充气

用脚踏式气筒往袋中充气。通过充气可以给病人强行供氧。踩踏充气大约进行一小时，在让人出现高山反应的地方，干这个活儿也是很辛苦的。

知识宝库

● 出现轻微的高山反应后，只要往山下走100米左右，各种症状就会缓解。
● 一般说来，高山反应不会直接导致人死亡。只是高山反应往往影响人的思维和判断能力，从而引发许多致命的事故。
● 大约90%的冻伤都出现在手指和脚趾上。
● 雪盲会引起眼部剧痛，但持续的时间一般超不过几天。

令人心驰神往的珠穆朗玛峰

在尼泊尔语中，这座山峰的名字叫萨加玛塔峰，意思是"天空之女神"；在中国的西藏，人们称它为珠穆朗玛峰，在藏语中这个名字的意思是"第三女神"，两个名字指的是同一座山峰。早在 1852 年，印度测量局测得了珠穆朗玛峰的高度。1855 年，人们便以当时印度测量局局长乔治·额菲尔士的姓氏命名了这座山峰。在后来的一段时间内，额菲尔士峰都是它公认的名字。

传说，高峰上是一个神秘的天国——萨姆巴拉，天国的中心是宫殿和花园

佛教弟子画的画叫曼荼罗或叫坛场。该图是其中的一幅，展现了天地万物

在世界地图上标出的珠穆朗玛峰的位置。下图为详解图

喜马拉雅山脉跨中国、印度、巴基斯坦、尼泊尔及不丹边界

亚洲中部隆起的地段

喜马拉雅山脉及与它相邻的兴都库什山脉、喀喇昆仑山脉一起囊括了世界上所有的 8 000 米以上的高峰。喜马拉雅山上的雪水孕育了印度的恒河。

从空中看到的喜马拉雅山脉

从空中看去，喜马拉雅山脉上被积雪覆盖的山峰构成亚洲心脏地段的一个亮点。这幅照片中，印度平原在山的左边，中国的青藏高原在山的右边。

世界最高峰是什么样子的

你心中的世界最高峰会是什么样子的呢？在你脑海中，它是一座拔地而起、傲视四方的峻峰呢，还是一座直插云霄、秀丽妩媚的美峰呢？也许真正的珠穆朗玛峰和你想象中的不太一样。当你站在珠穆朗玛峰脚下时，可能觉得它并没有那么高。这是为什么呢？原因就是，你脚下的青藏高原平均海拔 4 000 米，而珠穆朗玛峰又坐落在一座相当高的山脉——喜马拉雅山脉上。喜马拉雅山脉绵延 2 500 千米，像一道参差不齐的冰墙把中国和印度等国隔开。

珠穆朗玛峰高出海平面 8 844.43 米

南山脊

西山脊

印度平原

喜马拉雅山上被冰雪覆盖的山顶

青藏高原

额菲尔士爵士

珠穆朗玛峰的另一个名字额菲尔士峰，是以乔治·额菲尔士爵士（1790-1866）的姓氏命名的。额菲尔士爵士时任印度测量局局长，负责绘制南亚次大陆的地图。额菲尔士爵士并不喜欢这项殊荣，1857年，他提出反对意见，不同意人们用方言发"额菲尔士"的音，不同意把"额菲尔士"这个词写入印度语。现在，印度当地人仍旧称这座山峰为额菲尔士峰。

局长，我找到世界最高峰了！

——印度测量局首席数学家罗德哈纳·斯克达和测量局局长的对话（1852年）

选择适合攀登的季节

天气的变化无常，进一步增加了攀登珠穆朗玛峰的难度。冬季（11月至次年3月），凛冽的寒风是个大障碍；雨季（6-9月），季风带来大量降雪。这样一来，只有春秋两季是最佳的攀登季节。

南坳

在西南壁，南坳处于最高处，它封住了西侧凹地的顶部。

洛子峰

珠穆朗玛峰的近邻——洛子峰，是世界第四高峰。

山谷小镇

尼泊尔人居住在喜马拉雅山避风的山谷中，规模有的像个小村庄，有的像个小镇。

西侧凹地

这个凹地一面是悬崖峭壁，凹下的地方全是冰川。

昆布冰川

没有冰雪的岩石台阶把冰川截成巨大的冰段

喜马拉雅山附近的原住民

住在山北中国一侧的西藏人传统上是信奉佛教的游牧民族，而住在南坡的尼泊尔人则是住所固定的农夫，他们大多是印度教徒。夏尔巴人的祖先以前在山中穿梭，把西藏人的盐和羊毛带来换取尼泊尔人的谷物。

珠穆朗玛峰的轮廓

珠穆朗玛峰外形像一个包在冰川里的三边金字塔。这些冰川重塑了山体，雕出了三个刀刃般的山脊，把整座山分成了三个壁。从昆布冰川到珠穆朗玛峰顶只有3 400米。可是，有一点别忘了，昆布冰川已经在海拔近5 500米的高度上了。

芬妮把一幅标语钉到她的冰镐上，上面写着"女性同样享有选举权"

既是女权运动者又是登山探险先锋

在喜马拉雅山脉，女性登山者也是屡见不鲜。1906年，美国女登山者芬妮·沃克曼（1859-1925）登上了海拔高达6 930米的极点峰。芬妮积极主张女性参政议政，是女权运动的倡导者。她在山顶上展开了一幅有关女权运动的标语。

珠穆朗玛峰的探险先锋

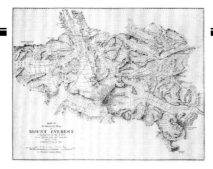

绘制出这座高峰的地形图

准备登山之前，英国探险队派出5个测绘人员于1921年进山。在他们收集的信息基础上，人们绘制出该地的第一张精确地形图。靠这些信息，乔治·马洛里制定出经北坳（在中国境内）上山的路线。

安德鲁·欧文　乔治·马洛里
爱德华·诺顿　诺艾尔·奥戴尔

英国1924年登山队

登山队的队长原是布鲁斯将军，但他在前往珠穆朗玛峰的路上猎虎时染上了疟疾，便由爱德华·诺顿代替他当了队长。当时乔治·马洛里任诺顿的副手，面对珠穆朗玛峰，他吸了一口气，对一位同伴说："我恐怕是要留在这儿了。"

身着开襟羊毛衫和斜纹软呢夹克服的英国绅士们，是第一批向珠穆朗玛峰进军的欧洲人。1921年，一支英国登山队进山进行勘查，第二年返回，队伍中有两人曾爬到距山顶530米的地方。受这一壮举的影响，他们在1924年又着手进行第二次登山探险。恶劣的天气和高山反应双双阻挡了他们的登山活动。可是，乔治·马洛里没有泄气，上次登山他也参加了，上次都成功了，这次为什么不行？于是，他打定主意要再试最后一次。1924年6月8日，他和队友安德鲁·欧文向珠穆朗玛峰主峰进发，但一去未返。那天发生的事成为珠穆朗玛峰攀登史上一个无法解开的谜团。

马洛里一行一直爬到6号营地，一切都很顺利，6个人的身体状况良好，天气也很不错

当时，探险队队长爱德华·诺顿因雪盲症正躺在帐篷内，没有看到马洛里和欧文离开

1924年6月7日 攀至6号营地

第二天，马洛里和欧文以及8个夏尔巴人来到6号营地。马洛里草草写了一张便条交给其中4个夏尔巴人，让他们带回4号营地，交给地理学家诺艾尔·奥戴尔，他正在那里等着，准备随时前去营救他们。4个夏尔巴人离开时，马洛里和欧文状态良好，氧气也很充足。

1924年6月6日 离开4号营地

队员们拔营进军，从中国境内上山。马洛里和欧文带着8个夏尔巴人，离开了北坳上的4号营地，前往建在珠穆朗玛峰更高处的营地。

马洛里　　　欧文

Dear Noel
We'll probably start
early to-morrow (8th) in order
to have clear weather. It
won't be too early to start
looking out for us either
crossing the rock band under
the pyramid or going up skyline
at 8.0 p.m.
Yr ever
G Mallory

亲爱的诺艾尔:

趁着天气不错，我们明早（8日）可能会很早上路。如果不成，可能会在傍晚之后赶回来。

马洛里

马洛里从便签簿上撕下一页纸，写下了上面的内容。

马洛里的遗体

1999年，人们在这个地区发现了马洛里的遗体。人们根据他夹克衫上的名字标签和口袋里的一封信确认了这具遗体就是马洛里。

马洛里最后的话

马洛里在最后两封信中的一封中提到，他计划着那天要及早动身，可是，两人很晚才到达奥戴尔看见的那个岩石梯级。可能是氧气出了点儿问题，耽误了两人的行程。

因为它在那里。

——乔治·马洛里
（1923年，当有人问他为什么想登珠穆朗玛峰时，马洛里作了上述回答。）

马洛里身上带着一个和这个相机相似的袖珍柯达相机

他们登顶了吗

马洛里和欧文到底有没有登顶？这个问题一直是个谜。谜底或许就藏在马洛里的相机中。专家们确信，在那样奇冷的气候里胶卷或许保存得很完好，这样从顶峰上拍到的景色也就保存下来了。多支探险队都在珠穆朗玛峰寻找过马洛里的相机，但是没有找到。

移动的点

之后，奥戴尔就说不准到底是在第二梯级的下方，还是在第一梯级的下方看到了两个移动的点。

第二岩石梯级

第一岩石梯级

东北脊

马洛里和欧文生前最后一次被人看到时，是两个正在攀登岩石梯级的小点

岩石梯级

在马洛里的遗体上发现了一截断裂的绳子，这表明两人曾是系在一起的

那时，登山者穿的都是平常的衣物。一旦衣服被撕破，他们很快就会被冻死

我看到在很远处……一个小点在移动，正一步步靠近岩石梯级。第二个小点紧随其后，然后……飘过来的云又一次遮住了我的视线。

——诺艾尔·奥戴尔
（1924年）

1924年 6月 8日 最后一眼

马洛里和欧文那天计划尽早向顶峰进军。当奥戴尔中午爬到6号营地时，曾在一小段时间内远远地看见马洛里和欧文，那时他们距顶峰还有很长一段路要走。这是奥戴尔最后一次看到活着的马洛里和欧文。

到底发生了什么事

搜寻、营救登山者几乎是不可能的，因此他们的死经常是个解不开的谜。1999年，当人们发现马洛里的遗体时，他身上没有氧气装置，腿断了，防雪盲的墨镜在他上衣的口袋里。这表明，他们中的一人或者两人同时摔下了山。

问天下英雄谁能登顶

第一张从空中拍到的珠穆朗玛峰照片

这幅照片拍的是珠穆朗玛峰东北壁，是 1933 年第一次对珠穆朗玛峰进行空中勘查时拍摄的。英国皇家地理学会珠穆朗玛峰委员会负责组织攀登珠穆朗玛峰的探险活动，该组织可以利用这些照片为以后的攀登作准备。

1933 年，两架轻型飞机飞临喜马拉雅山脉，直奔珠穆朗玛峰。机上配备有特殊引擎，在空气稀薄的地方飞机也可以照常攀升；飞行员身穿电热服，能有效预防冻伤。这两架飞机此行的任务是：在珠穆朗玛峰上方盘旋，以便从空中拍照、录像。虽说这次飞行最终成功返回，但其间也是险象环生，差一点儿就机毁人亡，酿成大祸。同年，英国登山探险队出发，向珠穆朗玛峰发起挑战，结果无功而返。1936 年和 1938 年，他们又尝试了两次，但仍然失败了。1939 年，第二次世界大战在欧洲大陆打响，人们再无暇顾及珠穆朗玛峰。曾一度离人们那么近的珠穆朗玛峰好像一下子又回到从前，变得那么遥远、神秘。

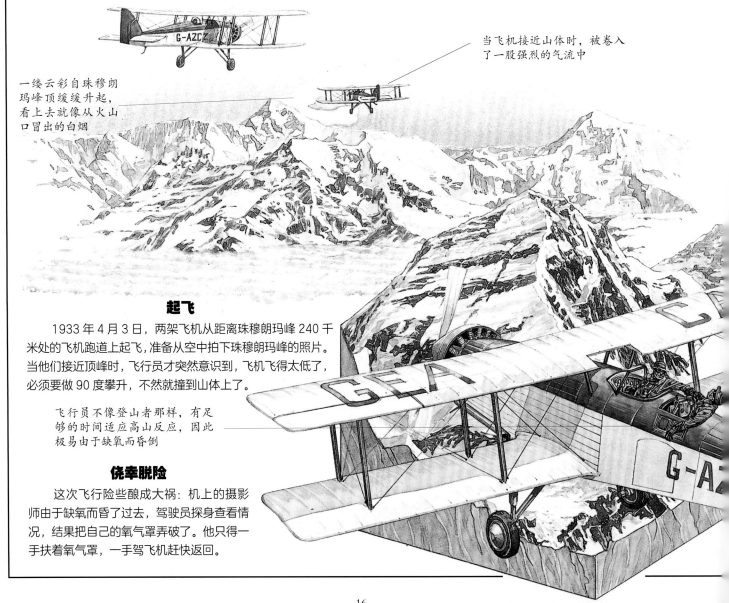

当飞机接近山体时，被卷入了一股强烈的气流中

一缕云彩自珠穆朗玛峰顶缓缓升起，看上去就像从火山口冒出的白烟

起飞

1933 年 4 月 3 日，两架飞机从距离珠穆朗玛峰 240 千米处的飞机跑道上起飞，准备从空中拍下珠穆朗玛峰的照片。当他们接近顶峰时，飞行员才突然意识到，飞机飞得太低了，必须要做 90 度攀升，不然就撞到山体上了。

飞行员不像登山者那样，有足够的时间适应高山反应，因此极易由于缺氧而昏倒

侥幸脱险

这次飞行险些酿成大祸：机上的摄影师由于缺氧而昏了过去，驾驶员探身查看情况，结果把自己的氧气罩弄破了。他只得一手扶着氧气罩，一手驾飞机赶快返回。

打下基础

1935 年，埃瑞克·施普顿率一小支英国探险队来到珠穆朗玛峰下。他此行是要训练登山者，并勘查地形以备后用。这支队伍从各个角度对珠穆朗玛峰进行拍摄。他们和其他探险队一样，也是从东北侧（中国境内）上山的。

被风雪击败

1938 年，一支小规模的英国探险队来到珠穆朗玛峰，他们仍从中国境内的北坡开始攀登，但在到达海拔 8 290 米的高度后，终因暴风雪天气的影响，宣告失败。这是第二次世界大战前人们为登顶珠穆朗玛峰所做的最后一次努力。

走过冰崩带

施普顿的队伍爬过了冰崩带（冰川陡峭的部分），只差一点就到了西坳。

1933 年的氧气装置已经能对氧气进行加热、加湿了

氧气装置的改进

每到珠穆朗玛峰探险一次，呼吸装置就改进一次。1933 年，登山队背的氧气装置只有 9 年前所用装置的一半重，可队员们仍然感到它是个累赘。

西藏高原雪人

在尼泊尔的传说中，喜马拉雅山脉是高原雪人的家。1951 年，英国登山者拍下了一串脚印，怀疑是高原雪人的脚印。

可怕的怪物

夏尔巴人说，高原雪人有两种，只有一种会袭击人类。关于高原雪人袭击人类的报道迄今也没有。上图所示场景是《雷达》杂志的编者们想象的。

新开拓的南线

1950 年，中国和平解放西藏，禁止外国登山队在西藏的登山活动。就在同一年，尼泊尔开始对外开放，一支英美联合探险队，经过艰苦跋涉到达昆布冰川。1951 年，埃瑞克·施普顿带领一支英国探险队，开始探寻从南侧登顶的路线。

它是地球表面上最高的地方，而我们又有可能进入这个未知世界；愿望和实现愿望的可能性吸引着我们不断向前。挑战就摆在眼前，接受它，我们责无旁贷、义无反顾。

——《攀登珠穆朗玛峰》
约翰·汉特著
（1953年）

英国陆军军官约翰·汉特任1953年珠穆朗玛峰登山队队长

英国探险队计划沿着瑞士人1952年开辟的路线登上珠穆朗玛峰

瑞士登山者曾就这条路线的危险性提醒过汉特，所以汉特率领的登山队随身带着梯子用于通过冰缝和冰崩带

1953 年的珠穆朗玛峰登山探险队

　　1951年，英国人在珠穆朗玛峰低坡上探险取得成功，这使得他们信心大增，确信来年一定能到达峰顶。让他们沮丧的是，1952 年，尼泊尔政府只允许一支瑞士探险队进山。瑞士人开创了一条从南坡通向峰顶的路线，但因天气变坏而告失败。这为英国人 1953 年征服珠穆朗玛峰既扫清了障碍，又创造了契机。

1953 年 4 月，英国登山队中的 7 个成员通过了 3 号营地上方的一条巨大冰缝

群策群力誓要登上珠穆朗玛峰

登上珠穆朗玛峰不是一天能完成的事，也不是我们登山过程中那难忘的几周完成的事……应该说是许许多多坚持不懈的登山者在很长一段时间里顽强探索的结果。

——《攀登珠穆朗玛峰》
约翰·汉特著
（1953 年）

要做的事情太多，而剩下的时间这么少！英国登山队队长汉特要做的事太多了——选队员、组队、确定路线、购买设备、装船运走等等——要做的事简直是说也说不完。汉特的动作很迅速，一周内他就拿出了一个基本方案。然后，他选出专职登山队员、几个候补队员，还有一个医生。随后的数月，他们紧张地开会、测试和训练。1953 年 2 月 12 日，他们登上了开往印度孟买的客轮。

英国皇家地理学会（RGS）
1953 年的登山探险活动，是英国皇家地理学会珠穆朗玛峰委员会组织的。

知识宝库

● 汉特和其他 3 个登山者，专门在隆冬季节到阿尔卑斯山上，检测了他们购买的设备及食物。
● 汉特的妻子和两个朋友，在上千件外衣上都缝上了名字标签，以免他们在山上弄不清楚。
● 仅仅是付给搬运工的钱，就需要 12 个搬运工扛着。

登山队

为了保证最后能有 3 个小组攀登主峰，汉特选了相当多的登山者，其中一部分担当候补。若不是因为队员所需设备重量限制，队伍可能还会更庞大。

约翰·汉特
探险队队长、陆军军官，人称组织天才，具有在阿尔卑斯山和喜马拉雅山中攀登的丰富经验。

汤姆·鲍迪伦
物理学家，是 1951 年探寻攀登珠穆朗玛峰新路线的探险队成员之一。

查尔斯·伊文斯
外科医生，同时也是经验丰富的登山者，这次他是第四次来到喜马拉雅山。

埃德蒙·希拉里
新西兰养蜂人，他曾于 1951 年爬上珠穆朗玛峰的低坡。

丹增·诺盖
夏尔巴头领，1952 年，他和瑞士探险队一起爬到珠穆朗玛峰海拔 8 595 米的高度。

乔治·勒伍
教师

阿尔弗莱德·格里高利
旅行社经纪人

马克·维斯特马考特
统计学家

威尔福瑞德·诺伊斯
教师兼作家

查尔斯·维雷
陆军军官

米歇尔·华德
医生

乔治·班德
学生

格利菲斯·波夫
生理学者

汤姆·斯托波特
摄影师

詹姆斯·莫里斯
记者

6 个夏尔巴人作为攀登成员到达最高营地

在到最高营地的最后一段行程中，一支由近 30 个夏尔巴人组成的小分队，负责运送物资和装备

搬运工中，有近一半的人是女性

穿越山麓小丘地段时，大约需要 450 个搬运工搬运设备，每一份物资重约 27 千克

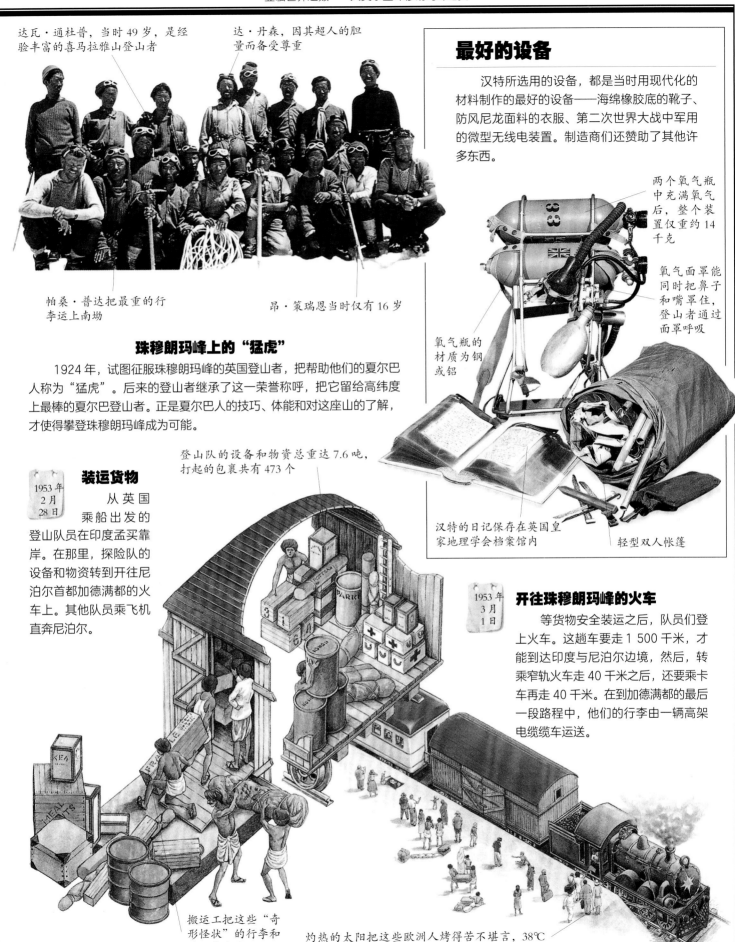

达瓦·通杜普，当时 49 岁，是经验丰富的喜马拉雅山登山者

达·丹森，因其超人的胆量而备受尊重

帕桑·普达把最重的行李运上南坳

昂·策瑞恩当时仅有 16 岁

最好的设备

汉特所选用的设备，都是当时用现代化的材料制作的最好的设备——海绵橡胶底的靴子、防风尼龙面料的衣服、第二次世界大战中军用的微型无线电装置。制造商们还赞助了其他许多东西。

两个氧气瓶中充满氧气后，整个装置仅重约 14 千克

氧气面罩能同时把鼻子和嘴罩住，登山者通过面罩呼吸

氧气瓶的材质为钢或铝

汉特的日记保存在英国皇家地理学会档案馆内

轻型双人帐篷

珠穆朗玛峰上的"猛虎"

1924 年，试图征服珠穆朗玛峰的英国登山者，把帮助他们的夏尔巴人称为"猛虎"。后来的登山者继承了这一荣誉称呼，把它留给高纬度上最棒的夏尔巴登山者。正是夏尔巴人的技巧、体能和对这座山的了解，才使得攀登珠穆朗玛峰成为可能。

登山队的设备和物资总重达 7.6 吨，打起的包裹共有 473 个

装运货物

1953 年 2 月 28 日

从英国乘船出发的登山队员在印度孟买靠岸。在那里，探险队的设备和物资转到开往尼泊尔首都加德满都的火车上。其他队员乘飞机直奔尼泊尔。

开往珠穆朗玛峰的火车

1953 年 3 月 1 日

等货物安全装运之后，队员们登上火车。这趟车要走 1 500 千米，才能到达印度与尼泊尔边境，然后，转乘窄轨火车走 40 千米之后，还要乘卡车再走 40 千米。在到加德满都的最后一段路程中，他们的行李由一辆高架电缆缆车运送。

搬运工把这些"奇形怪状"的行李和箱子装上车

灼热的太阳把这些欧洲人烤得苦不堪言，38℃对习惯了高温的印度人来说也是很难捱的

统的供氧方式是借助瓶装氧气增加队员呼吸到的空气的含氧量。另一支队伍用闭合循环式供氧系统，其供氧方式与上一种一样，不同的是，这种供氧系统可以循环利用他们呼出的气体。

喘不上气来了

伊文斯和鲍迪伦的闭合循环式氧气装备出了问题，这让他们有些喘不上气来。

危险的雪沟

在雪沟中滑一跤就可能意味着滑下近300米。

抉择时刻

当天下午早些时候，他们到达了南山顶，离珠穆朗玛峰峰顶只剩下90米了。他们爬到了史无前例的高度，可氧气就要用完了。再继续前行是否安全呢？他们计算了一下，发现在天黑前登顶并返回，剩下的时间和氧气都不够。万般无奈之下，他们极度沮丧地返回了营地。

鲍迪伦翻滚了一圈，把冰镐钉到冰中，止住了下滚的势头

下山途中，事故迭发

当两人走到通向南坳的雪沟时，已经累得不行了。突然，伊文斯脚下一滑，沿着冰坡滚下去，把绳子另一端的鲍迪伦也拖倒了。万幸的是，鲍迪伦反应迅速，他翻滚了一圈，把冰镐钉到冰中，止住了下滚的势头，救了两个人的命。

"他们上去了！天啊，他们要登顶了！"云朵飘过去后，碧空万里，空气的能见度很高，他（乔治·勒伍）看到伊文斯和鲍迪伦的身影正一点点地接近山顶，惊奇地喊起来："他们离主峰只有90米了！"

——《超级探险》
埃德蒙·希拉里著
（1955年）

精疲力竭地返回

5月26日接近黄昏时，伊文斯和鲍迪伦精疲力竭地蹒跚着回到8号营地。他们浑身是雪，几乎站不住了。喝了两杯热汤后，他们告诉了大家发生的事情，同时还讲述了他们在这次登顶过程中对这条登顶路线的认识。

最后的冲击

登顶的队员会是我吗？5月7日早上，所有队员心里都在想这个问题。探险队队长约翰·汉特召集大家开会，每个人都知道，队长已经选出了最后冲击主峰的队员，并且要在这次会议上宣布。登山队员和搬运工们已经在一起共同奋斗了两个月了，在这两个月中，队长有相当充足的时间进行选择。此前一周，汉特一直关注着在冰川里朝着营地前进的队伍。

这是个痛苦的选择，因为瓶装氧气仅能供两支队伍登顶。一支队伍用开放不循环式供氧系统，这个系

确定到达山顶的路线

5月初，大部分登山者到了海拔高度为6 450米的4号营地。汉特希望再往上攀登1 400米，在南坳处搭建一个营地。借助这个营地，队员就有可能在一天内安全地登顶并返回。可问题是，至今还从未有人到达过那里，在南山脊上或者是南山顶更远处也许会遇到意想不到的问题。

帐篷会议

全体登山队员在最大的帐篷内开会，平时这个帐篷充当他们的餐厅。

汉特和达·纳木亚把一顶帐篷和一些物资运送到海拔8 300米的地方，然后下山，这一趟就把他们累垮了

极滑的陡坡

陡峭的斜坡上覆盖着一层厚厚的雪，这使得陡坡特别具有欺骗性——看上去不难爬，一旦爬起来，却是走一步滑一步，特别困难。

第一次冲击

1953年5月26日

队伍确定好之后，过了3周，伊文斯和鲍迪伦离开位于南坳的8号营地出发了。汉特和其他5个队员，把他们的所需物资运到他们所能运到的地方，然后羡慕万分地看着他们凿着踏孔一步步攀向主峰。起初他们爬得很快，可是那天早上晚些时候起了薄雾，随后飘起大雪，他们的速度就慢下来了。

指定登顶队伍

1953年5月7日

汉特宣布查尔斯·伊文斯和汤姆·鲍迪伦作为第一组准备登顶；埃德蒙·希拉里和丹增·诺盖作为第二组。其他队员各有重要的任务以协助他们登顶成功。

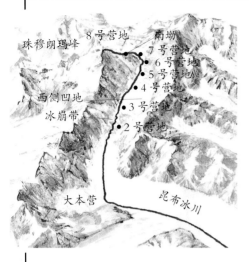

亲眼目睹珠穆朗玛峰倩影

登山者和搬运工一个挨着一个，像一条蜿蜒曲折的线，气喘吁吁地沿着陡峭的小路往上攀登。到路的尽头，他们看到远处一座白雪皑皑的高大山峰在阳光下熠熠闪光。看，珠穆朗玛峰！虽然珠穆朗玛峰离他们还有 80 千米，可看见它的第一眼，依然让他们兴奋异常。为了看清楚点，几个英国登山者干脆爬到树上去了。兴奋归兴奋，他们并没有过多停留，因为他们知道还有很长一段路要走。虽然已经走了 8 天，可是到位于丹勃齐寺的大本营时，他们仅仅走了一半的路程。

确定到主峰的路线

汉特打算沿着 1952 年瑞士探险队走的路线，向主峰发起二至三次攀登。但是行动前，他们首先把重达几吨的设备从距离顶峰 24 千米的大本营运上山，在西侧凹地中沿昆布冰川搭建了一系列的营地。

丹勃齐寺

1953 年
3 月
26 日

整个队伍用了 17 天的时间，从加德满都走到丹勃齐寺。在那里，他们搭建起一个大本营，队员们逐渐适应了高山反应，并在附近的山上检测氧气装置。

山顶风光

汉特是这样评价寺院所在地的风光的："这是我有生以来所见到的最美的山中景色。"

波夫的医用箱

仅格利菲斯·波夫的大医用箱，就需要一个搬运工背着，里面装满了各种科学仪器。波夫用这些仪器检测队员们对高山反应的适应情况——队员的血液是否变浓、瓶装氧气对他们起的作用有多大等。

搬运工到了

数百个搬运工到了探险队搭建的营地后，纷纷把行李放在牦牛牧场上。

1 号营地

1953 年
4 月
12 日

希拉里率领第一支小分队向珠穆朗玛峰出发，另外有 5 个夏尔巴人陪同，39 个搬运工扛着需要的物资。3 天后，他们到达位于山脚下的昆布冰川，并在乱石丛生、光秃秃的冰面上搭建起营地。

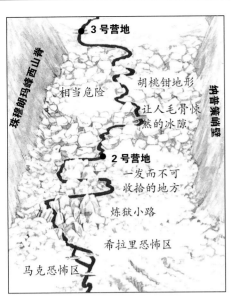

3 号营地

相当危险

胡桃钳地形

让人毛骨惊然的冰隙

2 号营地
一发而不可收拾的地方

炼狱小路

希拉里恐怖区

马克恐怖区

珠穆朗玛峰西山脊

纳普莱峭壁

希拉里恐怖区

在冰崩带中，登山队员经常要遭遇令人胆战心惊的危险。第一天，希拉里就遇上了一条宽 12 米的冰缝。通过的唯一办法就是从一块楔进冰缝中的大冰块上走过去。这次通过冰缝的过程太恐怖了，所以，人们后来都称这个冰缝为"希拉里恐怖区"。

冰悬崖
到达冰隙另一头后，希拉里还要在高达 7 米的冰墙上凿踏孔。

过雪桥
每走一步，希拉里都确信，他感觉到脚下的雪桥在颤动。

用绳子系在一起
马克·维斯特马考特紧紧抓住希拉里的保险绳。

石头地基
用石头打个地基，然后把帐篷搭在上面，这样帐篷就不会直接和冰川接触。

第一个帐篷
这个小营地的范围随着登山者们陆续赶来而迅速扩大。

温暖又舒适
尽管队员们都穿着软毛衣服，但依然无法驱赶寒冷；因此，在没有什么重要的事情时，他们都躲到最暖和的地方——睡袋里。

安全第一
在雪桥最危险的地方，希拉里的团队用固定的绳子和梯子保护搬运工通过。

 1953 年 4 月 13 日

翻过冰崩带
在冰崩带中，登山者必须从许多不牢固的巨大冰块上走过，还要经过许多随时可能倒塌的雪桥。希拉里的小组在 4 天后终于闯出了一条路，然后，他们又用一周的时间加强了这条路线的安全性。这样，搬运工就可以顺利地把物资和设备运到 4 号营地上来。

第二次冲击

虽然伊文斯和鲍迪伦没有登顶，可是他们所作的努力是极有价值的；因为他们证实了从南坳直接登顶是行不通的。希拉里和丹增必须从南山脊上更高处的那个营地出发，然后再直奔顶峰。为此，5 月 28 日，乔治·勒伍、阿尔弗莱德·格里高利和昂·纳伊玛起程，沿山脊把所需物资运往更高的营地。希拉里和丹增大约一小时后也起程了。

由于队中一个夏尔巴人高山反应强烈，不得不退出行动，所以其他登山者身上背的行李更重了

拉伸面罩上的宽橡皮出气软管，能把堵住出口的冰挤出来

碎冰片往下落的速度很快，很危险

搭帐篷

现在，希拉里和丹增要找个地方把帐篷搭起来，可他们能找到的唯一一个突出的地方却很窄。他们挣扎着搭帐篷时，被狂风吹打得东倒西歪。吃了些枣子、沙丁鱼和杏脯之后，他们蜷缩在各自的睡袋中睡着了，然而在凛冽的寒风、刺骨的寒冷以及稀薄的空气中，两个人都没睡多久。

氧气瓶用作固索锚

1953 年 5 月 28 日

冰雨

一支由勒伍带领的 3 人增援分队凿着踏孔攀上南山脊。一路上，他们上方的登山者凿孔时凿出的冰屑，像一阵阵冰雨砸下来。每次只有等冰雨危险过去后，他们才能继续前行赶上其他人。他们 5 个人都到达了海拔高度 8 500 米的地方。在那儿，3 个支援队员卸下行李，告别希拉里和丹增后返回。

为节省氧气，两人都把氧气装置卸下来，而在空气如此稀薄的地方，无氧工作非常困难

两人睡觉时，都戴着氧气面罩

"丹增，你觉得这条路
怎么样？"
"太糟糕了，太危险
了！"（希拉里和丹增在
登上山顶之前的对话）

——《超级探险》
埃德蒙·希拉里著
（1955年）

最后一段山脊

攀登的最后一段是
通向顶峰的山脊，岩阶构
成这段山脊的一部分。

高兴地拥抱在一起

两个人忘记了
疲惫，高兴地拥抱
在一起。

登顶了

眼看就要成功了，可对两人严酷的考验
还没有结束。攀上岩阶后，山脊的坡度更陡
了。希拉里在雪中不停地凿踏孔，他渐渐感
到体力不支，但是攀登像是永无止境一样，
最后，希拉里和丹增爬到了一个被积雪覆盖
的圆丘上。他们往四周看了一圈，寻找下一
个要爬的山脊，可是没有下一个山脊了，他
们已经登顶了，他们正站在珠穆朗玛峰峰
顶！此刻是11:30！

氧气危机

1953年
5月
29日

第二天早上6:30，
二人出发。9点左右，
他们爬上了南山顶。可是忽然，
希拉里看到丹增好像喘不过气来
了，而且动作也慢下来。希拉里
大吃一惊，赶紧检查了丹增的供
氧设备，发现他的氧气面罩的出
气管已经被冰完全堵塞了。还好，
希拉里发现及时，并帮他把堵塞物
取出来。之后，两人继续往上攀登。

−27℃的低温把希拉里的靴子都冻在了
一起。第二天早晨，他只好把它们放
在做饭的炉子上解冻

希拉里爬到这个冰川
井的顶部时，他身上
带的12米长的绳子都
绷起来了——绳子刚
好够长

最后一关

最后的一个难关是一堵高大的岩壁，它霸气十足地把
登顶的路严严实实地封住了，此外也没有别的路了。好在
岩石的一侧是凸出去的冰壁，和岩石形成一个错层，构成
一个叫作"冰川井"的缝隙。希拉里将身体挤进这个缝隙，
借助冰镐往上攀登。一边是光秃秃的岩石，一边是随时可
能崩塌的冰墙，幸运的希拉里最终攀上了岩壁。他把一根
登山绳垂下去给丹增，两人翻过了这道冰雪绝壁。

山顶上的庆祝

希拉里和丹增在山顶上互拍了一
些照片，上面的这幅照片成为他们伟
大壮举的见证。随后，丹增按照佛教
祭祀传统，给珠穆朗玛峰之神敬献了
巧克力和饼干。

成功了！我们成功了！

显然，认为队伍中的领队举起冰镐，明确无误地指向珠穆朗玛峰那遥不可及的主峰，然后他用力地比划出一个字，这个字不是失败，而是一个大大的胜利。他们登顶了！成功了！

——《攀登珠穆朗玛峰》约翰·汉特著（1953年）

举世震惊的新闻

到6月2日，全世界都知道希拉里和丹增登顶珠穆朗玛峰了。由于他是《泰晤士报》的记者詹姆士·莫里斯探险队成员之一，该报专门印了一期专门彩印增刊，以庆祝人类的这次壮举。

"攀登珠穆朗玛峰的英国登山队又一次无功而返，整个探险队正在回撤途中。"听到电台播报的这条新闻，等待希拉里和丹增返回的登山队员都乐了。所有的印度电台都搞错了。没过多久，大家就看到了他们俩，所有人都欢呼起来。带领着队员下山的勒伍欣喜若狂地挥舞着手臂：他们登顶了！

《泰晤士报》的记者詹姆士·莫里斯赶忙回到大本营，为确保他们的报纸能发送第一家刊登这条新闻，他用暗号发送了这个消息："冰雪条件恶劣"意思是"成功了"；"放弃了高级基地"代表的是希拉里；丹增的暗号代码是"期待提高"。第二天一早，就有人拿着这条消息跑到最近的无线电广播发射机那儿，把消息发送到伦敦。

舍舍

勒伍给希拉里和丹增登上来迎接这两位英雄。他是第一个获知这条消息的人。"喂，乔治，"希拉里对他说，"我们把那个……

勒伍给希拉里和丹增带来一瓶真空装的热汤

一步一步爬下山

从山顶往下走也是极其困难、极其危险的。希拉里和丹增都已经精疲力竭，再加上原先在冰上凿出的许多踏孔又被冻住了，二人只得再凿新踏孔，这对他们来说，简直是雪上加霜。

洛子冰川的冰一直伴随着他们差不多到达了7号营地

1953年5月29日

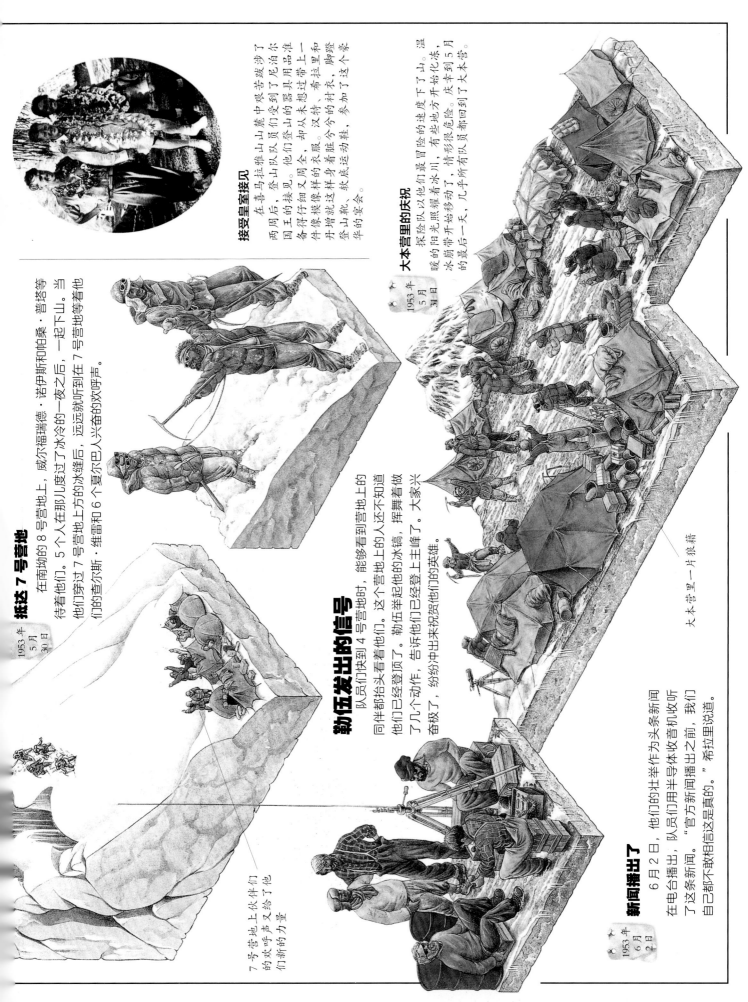

接受皇室接见

在喜马拉雅山山麓中恶劣跋涉了两周的接见后，登山队员们受到了尼泊尔国王的接见。他们登山的器具用品准备得仔细又周全，却从未想过他上一件像模像样这样身着脏兮兮的登山衣、希拉里和丹增脚蹬软底运动鞋，参加了这个豪华的宴会。

抵达 7 号营地

1953 年 5 月 30 日

在南坳的 8 号营地上，威尔福弗瑞德·诺伊斯和帕桑·普塔等待着他们。5 个人在那儿住度过了冰冷的一夜之后，一起下山。当他们穿过 7 号营地上方的冰缝时，远远就听到 7 号营地等着他们的查尔斯·维雷和 6 个夏尔巴人兴奋的欢呼声。

7 号营地上伙伴们的欢呼声又给了他们新的力量

大本营里的庆祝

1953 年 5 月 31 日

探险队以他们最冒险的速度下了山。温暖的阳光照耀着冰川，有些地方开始化冻。冰崩带开始移动了，情形很危险。庆幸的是5月的最后一天，几乎所有队员都回到了大本营。

大本营里一片狼藉

勤伍发出的信号

队员们快到 4 号营地时，能够看到营地上的同伴都抬头看着他们。勤伍举起他的冰镐，挥舞着做了几个动作，告诉他们已经登上主峰了。大家兴奋极了，纷纷中出来祝贺他们的英雄。

新闻播出了

1953 年 6 月 2 日

6月2日，他们的壮举作为头条新闻在电台播出，队员们用半导体收音机收听了这条新闻。"官方新闻播出之前，我们自己都不敢相信这是真的。"希拉里说道。

29

再走希拉里和
丹增走过的路

在尼泊尔，丹增·诺盖成了英雄，然而，也不是所有人都赞赏他的壮举。比如有人这样说："瞧，你已经带他们登顶了，以后就再也没有人想爬珠穆朗玛峰了，我们就等着失业吧！"可是，这样说的人都错了。登山者还是源源不断地赶来，希望找一条更加刺激、冒险的新路线登顶。紧随其后的是热爱旅游的人们，这些人迫不及待地想体会一下登临世界之巅的感受，根本不计较花费的问题。

自希拉里和丹增登顶后，又有1 050多人先后登上了世界最高峰。其中人数最多的一年是1993年，在这一年之内就有129人到达珠穆朗玛峰峰顶，还有8人在那里丧生。

——英国伦敦《泰晤士报》（1999年5月4日版）

随着设备日益变轻、质量更好，攀登珠穆朗玛峰也相对容易了。于是，登山者开始尝试新的、更有挑战性的路线

在陡峭的山坡上攀登本来就很危险，在松散雪沫覆盖的峭壁上攀登就更危险了，弄不好会引起雪崩

1975年，英国登山者杜格尔·海斯登在攀登珠穆朗玛峰西南壁

危险与勇气

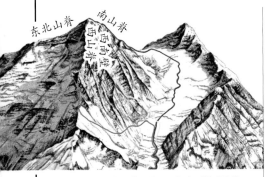

东北山脊 南山脊

━━━ 1963年，美国的"之"字形攀登路线
━━━ 1975年，英国的攀登路线
━━━ 1953年希拉里和丹增、1963年美国、
1975年日本、1991年夏尔巴人的攀登路线

登顶的各条路线

1963年，美国探险队的两个分队沿着1953年的登顶路线登上主峰。昂瑟尔德和霍恩拜因还横贯主峰，上山时走的是西山脊，下山时走的是南山脊。1975年，英国的博宁顿探险队从西南坡登上主峰。1975年日本探险队和1991年夏尔巴人探险队走的都是南线。

希拉里和丹增的壮举似乎证明，只要有足够的氧气、物资和搬运工，就能够登上珠穆朗玛峰。然而，在接下来的10年中，几支准备充分、装备精良的探险队却都失利了。他们发现，如果没有好运气和好天气，登顶珠穆朗玛峰依然是个极难的挑战。不过，瑞士和中国的探险队却成功了，而且在1963年，美国的探险队还开发出一条从西山脊转北坡的路线。

这个地方以一种莫名的、神秘的方式吸引着人们，这里恶劣的自然条件不仅没有击退人们，反而更加唤起人们的无限遐想。

——《国家地理》（1997年9月刊）
大卫·弗·布莱谢尔著
（1852年）

在山顶上

下午3:30

杰斯塔德和毕舍普努力登顶后，没有发现从另一条路线攀登的队员——威利·昂瑟尔德和汤姆·霍恩拜因。

牢牢地抓住他

在8 700米的高度上，杰斯塔德拼命抓住了毕舍普，毕舍普才没有摔下山去。

氧气瓶陷阱

毕舍普一脚踩到两人扔掉的一个氧气瓶上，滑倒了。

让人心惊肉跳的一滑

上午11:15

煤气爆炸耽误了他们两小时的时间，不过二人还是决定全力以赴，争取登顶。途中，二人在一段狭窄凸出的岩石上休息时，毕舍普滑了一跤，幸亏他的同伴反应快，一把抓住他，才把他从死亡边缘拉了回来。

幸运逃脱

火焰迅速蔓延，帐篷一头全着火了，登山队员奋力跑了出来。

煤气爆炸

杰斯塔德正在换煤气瓶时，煤气炉突然爆炸起火。幸好他和毕舍普跑得快，可是两个人的胡子还是烧焦了。

出师不利

凌晨5:15

1963年，美国探险队先后登顶多次。5月1日，先有一队登山队员登上主峰，3周后，又有两支队伍计划分别走不同的路线，最后在山顶会师。威利·昂瑟尔德和汤姆·霍恩拜因准备从西山脊开辟一条新路线登顶；路特·杰斯塔德和巴瑞·毕舍普走前人开辟的南线。可是，走南线的这支队伍出师不利，在南坳上方的营地上，他们做饭的煤气炉爆炸了。

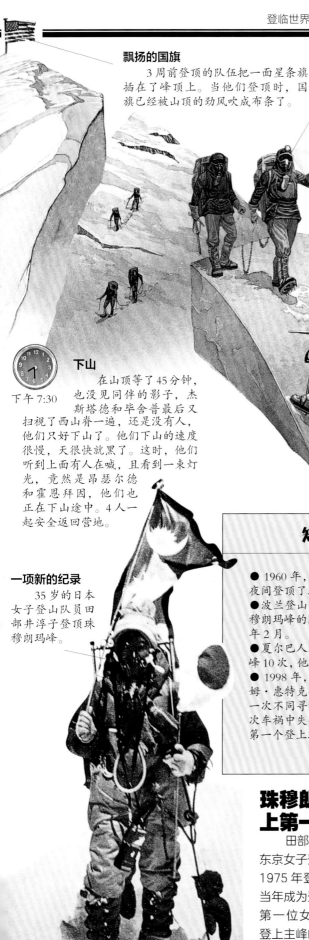

飘扬的国旗

3周前登顶的队伍把一面星条旗插在了峰顶上。当他们登顶时，国旗已经被山顶的劲风吹成布条了。

奇怪的会师

在一片漆黑中，昂瑟尔德和霍恩拜因认不出下面的两个人是不是他们的同伴，最后杰斯塔德问了一句："你们是谁？"他们这才弄清楚了。

新路线

许多登山者都在探寻新的登顶路线。1975年，由克里斯·博宁顿带队的英国探险队选择了难度大的西南壁路线。4名队员成功登顶，其中包括杜格尔·海斯登（上图）。队员米克·布尔克失踪，没留下一点可供寻找的线索。

每一面旗帜都代表了一个祈求成功的祷告

下山

下午7:30

在山顶等了45分钟，也没见同伴的影子，杰斯塔德和毕舍普最后又扫视了西山脊一遍，还是没有人，他们只好下山了。他们下山的速度很慢，天很快就黑了。这时，他们听到上面有人在喊，且看到一束灯光，竟然是昂瑟尔德和霍恩拜因，他们也正在下山途中。4人一起安全返回营地。

杰斯塔德和毕舍普在黑暗中等着和另外两个同伴会合，一起下山

一项新的纪录

35岁的日本女子登山队员田部井淳子登顶珠穆朗玛峰。

知识宝库

● 1960年，3个中国登山队员在夜间登顶了珠穆朗玛峰。
● 波兰登山队是第一支冬季登顶珠穆朗玛峰的队伍，登顶时间是1980年2月。
● 夏尔巴人瑞塔先后登顶珠穆朗玛峰10次，他的登顶次数无人能及。
● 1998年，威尔士裔美国人汤姆·惠特克登上珠穆朗玛峰。这是一次不同寻常的登顶，因为他在一次车祸中失去一只脚，他是世界上第一个登上珠穆朗玛峰的残疾人。

珠穆朗玛峰顶峰上第一位女性

田部井淳子参加了日本东京女子登山俱乐部组织的1975年登山探险队，并在当年成为登顶珠穆朗玛峰的第一位女性。11天之后，登上主峰的中国队中也有一位女性。

到达山顶的夏尔巴人

虽然在早期的探险中，夏尔巴人都起到了非同小可的作用，但直到1991年，才有了第一支由夏尔巴人自己领导的登山探险队。这一年，索纳姆·登杜、昂·特穆巴和阿帕·舍尔帕登顶。随后登顶的还有美国人彼得·安桑斯，他是赞助夏尔巴登山队的外国登山者之一。

新式登山装备

和珠穆朗玛峰早期的登山英雄相比，如今的登山者轻松多了。现在，有了更精巧灵活的登山小器具，登山者能够更牢固地用更结实的绳索连在一起，也就更安全了。由于使用了新材料，设备的重量减轻了一半，且衣服、靴子、睡袋的保暖性能也更好了。这些改善并没有削弱攀登的挑战性。致力于登山事业的登山运动员们，把这些新工艺和技巧用到登山中，力图找到惊险刺激的终极攀登路线和方式。

登山靴

当代冰上登山靴和滑雪靴相似，靴子有两层，内胆是泡沫质地，可以有效预防冻伤，且不像以前的登山靴那么笨重。早期的登山靴用木丝棉（树纤维）保温，鞋底硬邦邦的。这个改进特别重要。1953 年，珠穆朗玛峰探险队队员的靴底容易弯曲，结果因此而折断的靴铁有十几双，改进后这个情况就没有出现了。

新式帐篷

传统的帐篷在设计时，考虑的是在平坦的地方使用，而平坦的地方在珠穆朗玛峰上可不多见。新式帐篷在底部设计有可调的铝质支撑架，这样，即使是在最凹凸不平的地方，登山者也能够睡在水平的床垫上。

在喜马拉雅山高山区的营地

学会登山技巧

登山是相当危险的，任何人都不该只身尝试。想学会登山，应该联系一个登山俱乐部。在那里，经验丰富的登山者会在绝对安全的环境中传授基本登山技巧，他们还会帮忙安排人员陪同旅行。

安全的攀登

许多登山俱乐部都设有攀登墙，新手可以在那里学会攀登技巧，同时不会有受伤的危险。

室内攀登墙

固定好的螺栓

有些登山者在光秃秃的悬崖峭壁上钻孔，拧上螺栓，然后把保险绳固定在上面，协助攀登。可是传统的登山者不赞成这种做法，他们认为，攀登中使用这些螺栓，就失去攀登的意义了。

借助绳子和其他装置，人们就可以进行新式、刺激的攀登了

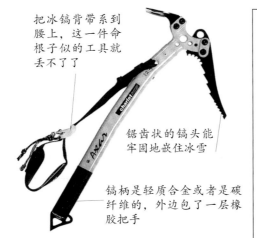

把冰镐背带系到腰上，这一件命根子似的工具就丢不了了

锯齿状的镐头能牢固地嵌住冰雪

镐柄是轻质合金或者是碳纤维的，外边包了一层橡胶把手

对付冰和雪

用了新材料后，冰镐就更轻便、更安全了。镐的整体形状也有所改变。镐柄设计一个弧度，镐头是可调的，这样一改，凿踏孔时挥起来就方便多了。另外，新设计的冰镐具有较强的扒雪性能，可以有效地阻止下滑。

保险绳和附件

自1953年以来，保险绳的使用已经发生了巨大的变化。那时候，登山者只有在危急时刻才依靠保险绳；现在，攀援难度大的岩壁时，登山者必须依靠保险绳帮他们止住滑跌。现在的岩钉环（登山者配着绳子一起用的传统的环状夹片）比以前的更轻也更结实。现在还有了新的安全装置，例如祝玛尔式上升器，这个器械在保险绳上只能前行，不会往后滑。

祝玛尔式上升器

岩钉环

安全带套在登山者的腰部和腿部，保险绳可以直接固定到安全带上

攀岩用的保护装置

今天的登山者用的是一种叫"螺母"的锚状物。登山者把它们嵌入岩石缝隙内，然后把保险绳扣到里边，这样就可以控制滑跌的距离。

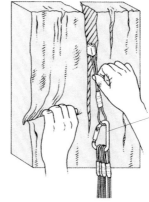

各种尺寸的螺母都有，可用于各种各样的岩石缝隙

为防止螺母滑脱，人们经常把它和岩钉环套在一起用

1. 先行的队员选的螺母必须恰好嵌入岩石缝内，岩石缝的形状应该是能紧紧地固定住螺母的。

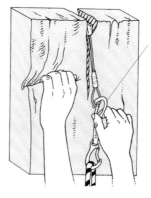

这种双岩钉环的装置叫快扣，它能减少绳子和螺母之间的摩擦力，以免把螺母从岩缝中拉脱出来

2. 在螺母尾部的环内套上一个岩钉环，就可以把保险绳固定到上面。然后，人们就能够安全地往上攀登了。

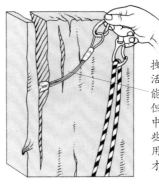

拽住螺母，使劲活动两下，就能把它拔出来，但是，在岩缝中夹扁了的那些螺母就需要用专门的工具才能取出来

3. 最后一个成员可以安安全全地取出螺母，因为先行的队员攀到岩石上面后，螺母就用不着了，岩石上面的同伴比螺母更保险。

目的地——珠穆朗玛峰

自希拉里和丹增的伟大壮举之后，珠穆朗玛峰成为人类的终极挑战之一——登山爱好者都想一试身手。徒步旅行者不远万里，长途跋涉，就为了来试一试。这些外来人很少注意尼泊尔的传统，喜马拉雅山上脆弱的生态环境遭到严重破坏，山坡变成了大垃圾场。现在，情况有所改善。针对观光旅游，有关部门已经出台了强硬的法律法规，该地区的环境破坏正在逐步减少。随着援助方案的落实，珠穆朗玛峰周边居民的生活也在逐步改善。

徒步旅行者的燃料问题

直到最近，人们才意识到森林破坏问题已经很严重了。之前，西方徒步旅行者砍伐了不计其数的树木作为营火燃料。现在，前来登山的人必须自带燃料。

排队等候

1996 年 5 月，迫不及待的登山者排队等候属于他们的"登上世界之巅"的神圣时刻。

长眠在珠穆朗玛峰上

几乎每一年都有人在珠穆朗玛峰上遇难，这主要是因为，人们满腔热情地想要登顶，却忽视了珠穆朗玛峰的危险性。长眠在珠穆朗玛峰上的人的尸体躺在这儿或那儿，令人想起攀登珠穆朗玛峰的风险。

天堂一去不复返

上图显示了 1996 年 1 号营地的状况。在 1953 年的时候，垃圾就已经是一个大问题了。随着其他探险队相继在这儿安营扎寨，这里的情形迅速恶化。这些脏乱的垃圾不仅影响环境，还影响人的健康。在尼泊尔国家旅游部门出台了法规，对留下垃圾的旅游者处以严厉的现金罚款之后，这里的情况好多了。现在，污水和垃圾都已经运走了。

最后的自拍

1996 年 5 月，登山者布鲁斯·希罗德独自一人登顶后，在山顶上给自己拍了这张照片。令人难过的是，他在下山时死于山难。第二年，人们找到了他的尸体及拍有这张照片的相机。

高山上拥挤不堪

1953 年之后，又有 1 000 多人先后登顶珠穆朗玛峰。这个数字看起来也许不算大，可是每年可以攀登珠穆朗玛峰的时间是很短的，且大多数人走的路线也相同，这样一来，这个数字就不那么小了。在最忙的时节，人多得都挤不到峰顶上去。

……现在，南坳已经变成世界上最大的垃圾场。在那里，1 000多个空氧气瓶散落在雪中，到处是破烂帐篷、被丢弃的炉子，以及其他废弃物。

——《国家地理》(1997年9月刊)
大卫·弗·布莱谢尔斯著

新电力能源

尼泊尔现代化的电力系统旨在提供取暖、做饭的新燃料，以便保护树木免遭砍伐。在高山地区无法架设高压输电网，所以只能利用太阳能电池板（见上图）和小规模的水利涡轮机，哪里需要就在哪里发电。

喜马拉雅托拉斯

1989年，埃德蒙·希拉里成立了一个慈善机构，并把它命名为"喜马拉雅托拉斯"，用以表达对帮助他成功登顶的夏尔巴人的感激之情。这个机构为夏尔巴人提供医疗救助、灾难援助，以及上图所示的学校教育。此外，该机构每年还要植树10万棵。

知识宝库

● 自1953年以来，已有150多人在攀登珠穆朗玛峰时丧生。

● 一位徒步登山者，带着几个搬运工、一个厨师和一个向导，他们在山中用掉的木材相当于10个夏尔巴人用的总量。

● 平均每年都有约12 000个徒步登山者不远万里、长途跋涉地来到珠穆朗玛峰脚下。

● 在尼泊尔政府采取措施禁止乱丢废弃物之前，每支探险队留在山中的垃圾平均重达365千克。

全新的攀登方式

攀登珠穆朗玛峰的方法随着时间的推进而不断变化。把绳索固定到岩石上，攀登起来就没那么困难了。珠穆朗玛峰由无法攀登的高峰，变成了旅游线路上的一个景点。登山者开始寻找新的兴奋点，例如回归到登山运动的初始阶段，即几个登山者，只用最基本的设备登上主峰。莱茵霍尔德·梅斯纳尔和彼得·哈伯勒采用这种简单的登山方式，于 1975 年，登上喀喇昆仑山脉中一座海拔高达 8 068 米的加舒尔布鲁木峰。这一壮举表明，不用氧气、不用成百人的搬运工队伍，照样可以攀登高峰。那一瞬间，他们有了一个大胆的设想：就用这种方式，有可能登上珠穆朗玛峰吗？单独一人能行得通吗？梅斯纳尔决定试试看。

新式登山先锋

梅斯纳尔和哈伯勒反对"大规模的探险队"的登山形式，但他们却不是反对这种形式的第一人。1895 年，阿尔弗莱德·马莫瑞就曾只带了两个同伴登过珠穆朗玛峰。1921 年以前，亚历山大·凯勒斯（上图）在喜马拉雅山中攀登时，只带了两个当地的搬运工。

无氧攀登

1978 年，意大利的莱茵霍尔德·梅斯纳尔（左）和奥地利的彼得·哈伯勒（右）没用人工氧气，成功登顶珠穆朗玛峰，创造了人类登山历史上的新纪元。梅斯纳尔或许可以被称为有史以来最伟大的登山家，且是同鼎世界所有海拔 8 000 米以上高山的第一人。

东北脊

—— 梅斯纳尔 1980 年登顶路线

梅斯纳尔的单人登顶路线

梅斯纳尔独自一人从位于北坳下方的营地出发进行单人攀登。他穿过北坡，在东北脊上搭起营地，然后从那儿冲上峰顶。

滑坠

一块 1 平方米大小的凸出物帮梅斯纳尔止住了滑坠。

挣扎着爬上去

梅斯纳尔沿着冰川井狭窄的井壁一点点地爬上来。

离得太远

虽然梅斯纳尔的同伴奈纳·赫尔古因离他只有 500 米远，梅斯纳尔也无法向他呼救。

1980 年 8 月 18 日

独自上路

无氧登顶珠穆朗玛峰两年后，梅斯纳尔做了一次单独尝试。他日出前出发，可没过几分钟，就掉到一个极深的冰川井中，落在一块凸出的岩石上。梅斯纳尔吓了一跳，幸好没有受伤。黎明时分，他从冰川井中爬出来，一直攀登到海拔 7 800 米的高度。

必要设备

梅斯纳尔登顶珠穆朗玛峰时几乎什么都没带，他的单独攀登，是阿尔卑斯式登山风格的极端例子。多数阿尔卑斯式登山者，都比梅斯纳尔带的东西多一点儿，尤其是要爬的山从技术上讲很难攀登时。

一个背包就装下所有东西

露营帐篷　　睡袋　泡沫床垫　炉具　冰镐　靴铁

露指手套　黑色防风镜　食物　相机

攀岩用具　　冰雪上用的设备

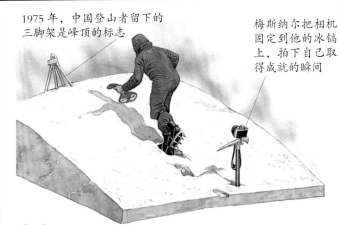

1975年，中国登山者留下的三脚架是峰顶的标志

梅斯纳尔把相机固定到他的冰镐上，拍下自己取得成就的瞬间

到达山顶

1980年8月20日

次日早上，梅斯纳尔只带着冰镐和相机就出发了，一路上忍受着极度缺氧的折磨。梅斯纳尔于下午3:20登顶。他累得连给自己拍一张照片的劲儿几乎都没有了。山顶裹在厚厚的云层中，像1978年那次一样，梅斯纳尔什么也看不到。

返回到奈纳处

1980年8月21日

度过了失眠的一夜，梅斯纳尔开始下山。除了照相机、防护手套和太阳镜，他把所有东西都扔在帐篷里。梅斯纳尔忍受着极度疲惫、脱水的折磨返回营地，当他的朋友奈纳前来接应他时，他一下子放松下来，哭了起来。

在高高的营地上

梅斯纳尔想拍一张自己在帐篷旁的照片，可是他太累了，连相机架都支不起来了。

1980年8月19日 **战胜疲劳**

第二天，为减轻负担，梅斯纳尔把吃的和做饭用的煤气都扔掉了。厚厚的积雪及浓雾阻碍了他的行程。他在一段被积雪覆盖的岩石上搭起一个小帐篷，搭完后累得精疲力竭。缺氧加上劳累让他产生了幻觉，幻觉中一个同伴催他化点儿雪水喝了救命。

分段攀登

不是每一次攀登都能用纯粹的阿尔卑斯式完成。另一个攀登技巧称为"分段攀登"，即把山体分成几段，每爬一段，都把绳子固定好，全体成员都登上这一段后，把绳索取下，攀登下一段时再用。

在喜马拉雅山上进行的分段攀登

高山是怎么形成的

地壳是由十几块巨大的岩石板块构成的，这些岩石板块处于缓慢移动状态。在两大板块交界的地方，随着移动，板块与板块之间要么彼此分离，相隔越来越远；要么相撞，一个板块俯冲到另一板块的下面。当两大板块相撞时，板块变形或是裂开，挤压着地壳表面隆起，高山就出现了。

地壳构造板块

整个地壳分为八大板块和几块叫"构造板块"的稍小的板块。这些板块在地幔——一层浓稠的半熔化的岩浆上漂浮着。因为地幔在缓慢地移动，所以地壳的板块也在移动。

地幔　地壳构造板块

关键的一次板块撞击

大约1.8亿年前，现在印度所在的构造板块开始向北方欧亚大陆板块缓缓移动。最后，两大板块相撞，岩石受到挤压隆起就形成了今天的喜马拉雅山脉。

印度—澳大利亚板块　当两个板块逐渐靠近时，它们之间的海洋就变窄了　这里就出现了山脉　欧亚大陆板块　熔化的岩石也推动着地壳隆起

约 7 000 万年以前

随着两块板块移动，印度—澳大利亚板块俯冲到欧亚大陆板块的下面。板块相撞时，岩石受挤压而隆起，高山就这样形成了。

河流卷着泥土流入海洋　这个地方现在是中国的西藏地区　印度所在的印度—澳大利亚板块俯冲到欧亚大陆板块的下方，插入到地幔中，岩石在地幔的高温中开始熔化　高山岩石遭受气候侵蚀

约 5 000 万年以前

印度—澳大利亚板块俯冲到欧亚大陆板块下面后，挤压使得原先平坦的地方隆起，形成现在的中国西藏地区。新形成的高山受到风雨的侵蚀，山上的泥土随着河水流下来，沉积在古老的海洋里。陷进地幔中的地壳熔化成岩浆，岩浆沿着缝隙上升。

海洋逐渐填满泥沙

空中俯瞰

从太空飞船上看，在地球的弯曲的弧线上，白雪覆盖的喜马拉雅山诸峰的凸起都几乎看不出来。

印度所在的板块继续往北移动，把欧亚大陆板块挤得弯曲变形

沉积物上升，出现褶皱，形成了喜马拉雅山脉

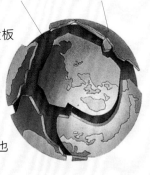

斯里兰卡　印度　恒河　喜马拉雅山脉

陆地板块高出海平面

云层沿着喜马拉雅山脉上升，温度降低，形成降雨，降落在山脉的印度一侧，而中国西藏一侧的大部分地区因长年没有雨水而成为荒漠

中国西藏

喜马拉雅山脉的形成

与世界上其他山脉相比，喜马拉雅山脉算是比较年轻的——约5 000万年前开始形成。大约在这个时候，地幔内的岩架出现上升运动，推动着它上面的地壳运动。在岩石板块运动和岩浆的双重作用下，喜马拉雅山脉成为世界最高的山脉。

海洋板块在海平面以下

珠穆朗玛峰

在冰川作用下，高山的陡壁形成

世界最高峰

当印度—澳大利亚板块俯冲到欧亚大陆板块下面时，古老的海洋底部的淤泥上升，成为珠穆朗玛峰上岩石的主要构成成分。正因为这样，在世界最高峰上可以找到海洋生物化石。

高山分类

喜马拉雅山脉是褶皱山，它是地壳发生挤压、出现了褶皱而形成的。除了褶皱山，还有其他三类山。都是按照当初形成的方式命名的。

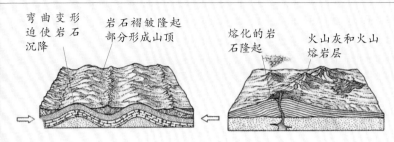

弯曲变形迫使岩石沉降

岩石褶皱隆起部分形成山顶

熔化的岩石隆起

火山灰和火山熔岩层

褶皱山

侧向压力使地壳发生弯曲，相互挤压，从而形成褶皱山。地球上所有高的山脉都是这样形成的。

火山性山

受热岩石冲破地壳表层，在地表形成火山性山，熔岩和火山灰堆积起来，经常形成一个锥字形山体。

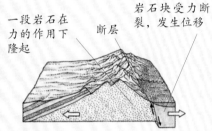

一段岩石在力的作用下隆起

断层

岩石块受力断裂，发生位移

断层

中心岩石块隆起

断层

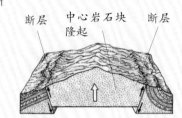

断层山

当地壳断裂时，断裂地带就叫作断层。在地壳移动的作用下，有的岩石块隆起，高出周围陆地。

穹顶山

当地壳表面一整块岩石整个隆起，岩石本身又没有断裂，这时，一座穹顶山体就形成了。这种山的顶部一般很平坦，而且是圆形的。

和山相关的术语

登山者对山的各个部分都有自己的术语。下图列出了登山者在描述喜马拉雅山主要特征时用到的词汇，以及这些词汇的定义及解释。

支脉、横岭

山坳、关隘

山脊

山的腹地峡谷

山侧凹地

山坳、关隘

山脊上最低的部分，经常在两个顶峰之间。

冰川井

冰川井

岩石或冰面上垂直的缝隙，宽度一般足够1人攀爬上来。

山的腹地峡谷

在山坡上，凹下去的陡峭的沟渠或峡谷。

山侧凹地

山坡上盆地状的峡谷，由冰川侵蚀而成。

山脊

两个岩石面相接的地方形成的一道又高又窄的山线。

支脉、横岭

从主山脊上伸出的一小段山脊，或是从另一列山脉中伸出的一小段山脊。

冰川

海拔五六千米以上的高山上的积雪从不融化，而是变硬成冰，并在凹下去的地方堆积起来，然后以冰川的形式沿着山坡缓缓往下滑动。珠穆朗玛峰是在三大冰川的作用下形成的，三大冰川把珠穆朗玛峰四周的山谷侵蚀成纵深的、圆润的U字形。

冰川作用下的峡谷两边很陡峭

冰川平均每天往山下移动1米左右

冰川融化形成湖泊

携带着岩石的冰川像凿子一样打磨着峡谷的谷壁和谷底

岩石碎块冻在冰川的冰中，叫作冰碛

冰川经过的地方，岩石被冰川侵蚀，从岩石体上脱落。所以冰川过后，露出的地方都很陡峭

岩石块掉下来，摔成碎块

冰层断裂形成冰缝

冰崩带

冰川下面的岩石如果突然出现落差，冰川的冰就摔到下面，形成巨大的冰块区域，叫作冰崩带。

成型的珠穆朗玛峰

上图是从空中拍摄的珠穆朗玛峰的照片，这张照片展现了珠穆朗玛峰的金字塔形状。在照片上，还可以清楚地辨认出塑造珠穆朗玛峰的三大冰川——昆布冰川、绒布冰川、康舜冰川。

地球上的高山

在地壳内力的作用下，每个大洲都出现了高山，但是，形成山的内力是不平均的，山和山的高度悬殊也非常明显。在北美洲，落基山脉雄踞在西部，而在东部地区，连一座海拔超过1 500米的山都没有。大洋洲最高的山海拔也不超过5 000米，还不如喜马拉雅山脉中的一个小山丘高。

地球上的山脉

地球上最长的山脉是在太平洋洋底的一列海岭，长达30 900千米。海平面之上，最长的山脉是南美洲的安第斯山脉，绵延约7 000千米。

麦金利山，位于北美洲，在美国阿拉斯加州，海拔：6 190米

厄尔布鲁士山，位于欧洲，在俄罗斯，海拔：5 642米

珠穆朗玛峰，位于亚洲，在中国和尼泊尔交界处，海拔：8 844.43米

阿空加瓜山，位于南美洲，在阿根廷，海拔：6 962米

乞力马扎罗山，位于非洲，在坦桑尼亚，海拔：5 895米

查亚峰，位于大洋洲，在巴布亚新几内亚岛，海拔：4 884米

文森峰，位于南极洲，海拔：4 897米

巍峨的顶峰

人类对自然最大的挑战之一就是被称为"征服七峰"的登山活动，意思是登上每个大洲的最高峰。第一个取得这一成就的人是美国登山家迪克·贝斯，他于1985年登上了七大洲最高峰的最后一座——珠穆朗玛峰的顶峰，给自己的壮举画上了一个圆满的句号。关于山的高度，一般很难给出一个确定的数字，而且每次测量的结果都不同。以喜马拉雅山为例，这座山脉至今还处于形成过程中，每年以6厘米的速度上升。

各大洲最高峰的海拔

珠穆朗玛峰 8 844.43米

干城章嘉峰 8 586米

马卡鲁峰 8 463米

南迦帕尔巴特峰 8 126米

道拉吉里峰 8 167米

雄伟的喜马拉雅山脉

上图显示的是喜马拉雅山脉海拔超过8 000米的高峰中的5座。世界上10座最高峰中9座位于喜马拉雅山脉。世界第二高峰——乔戈里峰坐落在喀喇昆仑山脉，就在喜马拉雅山脉的西侧。乔戈里峰海拔8 611米。

阿拉斯加山脉，北美洲的最高峰麦金利峰就在这一列山脉中

比利牛斯山脉，位于法国和西班牙交界处

阿尔卑斯山脉，形成欧洲最高的地段

高加索山脉，是欧、亚两洲的自然分界线

喀喇昆仑山脉，世界第二大山脉，有4座山峰海拔超过8 000米

喜马拉雅山脉，雄踞在亚洲心脏地带

落基山脉，北美洲隆起的脊柱

大西洋中部海岭，水下山脉，高出大洋洋底约4 000米

安第斯山脉，耸立在南美洲西海岸

阿特拉斯山脉，非洲白雪皑皑的北界

东非大裂谷，最南峰——乞力马扎罗山

大分水岭，把澳大利亚分成干旱的中部地区和宜人的海岸地区

高山分类

● 地球不是一个标准的球体，它的中部凸起。这意味着距离地核最远的地方不是珠穆朗玛峰峰顶，而是位于安第斯山脉的钦博拉索山。从距离地核的高度来讲，它比珠峰还要高出2 150米。

● 位于夏威夷的冒纳凯阿山从太平洋洋底隆起10 203米，但是它高出海平面的高度仅有4 205米。

● 从理论上讲，在高山上，所有登山者的体重都会变轻。这是因为登上高山后，他们距离地心远了，地心引力减小的缘故。不过，在登山时，这点差别太小了，登山者感受不到由此带来的轻松。

攀登珠穆朗玛峰大事年表

在近100年的时间里，珠穆朗玛峰一直是登山者的终极挑战。到20世纪70年代，珠穆朗玛峰探险活动急剧增加。下表列出了这段时期内的最重要的一些大事。

在印度于1947年独立之前，统治着印度的英国官员不允许其他国家的人攀登珠穆朗玛峰。

1852年印度测量局
印度的英国勘测人员测出珠穆朗玛峰是世界最高峰。

1883年在喜马拉雅山中的攀登活动
英国的W.W.格拉汉姆是第一位在喜马拉雅山中登攀的人。

早期的冰镐和冰镐套

1885年向珠穆朗玛峰挑战
这一年，有人质疑珠穆朗玛峰的不可逾越性，认为登上峰顶并非不可能。

1919年诺艾尔的探险
英国的陆军军官约翰·诺艾尔假扮成印度人，到锡金和中国西藏探险，并到达距离珠穆朗玛峰很近的地方，比在他之前的任何欧洲人都走得近。

攀登中使用保险绳

防雪盲的墨镜

1921年英国人的第一次
乔治·马洛里率领一支英国探险队从北侧探险珠穆朗玛峰。

1922年带着人工氧气攀登
英国登山者又回到珠穆朗玛峰，这次借助人工氧气登上8 320米的高度。队中7个夏尔巴人死于雪崩。

1924年马洛里和欧文
两个人攀登到人们从未到过的高度，在最后登顶过程中遇难。

1934年独自登山者遇难
英国人莫瑞斯·威尔逊秘密来到珠穆朗玛峰，在尝试独自登顶时遇难。之后，一个加拿大人（1947年）和一个丹麦人（1951年）先后做了同样的努力，同样无功而返。

高地营地

1935-1936年英国人再次努力
1935年，英国皇家测绘局完成了对珠穆朗玛峰的再次测量。第二年，英国探险队再次努力尝试，被恶劣的天气击退。

1950年南线开通
中国西藏一侧的边界关闭，登山者被迫从尼泊尔一侧新开通的南线尝试攀登珠穆朗玛峰。

1951年英国探险者
一支英国勘测探险队成功地开辟出一条到达昆布冰川的路线。

1952年瑞士人功亏一篑
瑞士登山者两次登上南坳，离登顶只差一步。

1953年终于成功了
在一次由英国人率领的探险中，新西兰人埃德蒙·希拉里和夏尔巴人丹增·诺盖登上珠穆朗玛峰顶。

1956年双赢
瑞士探险队同时登上了珠穆朗玛峰和世界第四高峰洛子峰。

1960年中国人登顶
3个中国登山者在夜间登顶。

1963年第一次横贯珠穆朗玛峰
美国登山者是第一批横贯珠穆朗玛峰顶的人。

1965年印度第三次努力
印度早期的两支探险队登顶失败，在第三次尝试时，有9人登上珠穆朗玛峰峰顶。

1973年意大利探险队
8个意大利登山者经由南坳登顶。

1975年第一次登顶的女性
在中国和日本各自的登山队中，各有一名女性登顶。

1976年保护珠穆朗玛峰
尼泊尔萨加玛塔国家公园成立，以防止登山者、旅游观光人士及开发活动进一步破坏珠穆朗玛峰地区的环境。

1977年韩国成功登顶
韩国探险队的两名成员登顶。

下山

1978年阿尔卑斯登山方式
意大利人莱茵霍尔德·梅斯纳尔和奥地利人彼得·哈伯勒证明，不用人工氧气也有可能登上珠穆朗玛。

1980年只身登顶
意大利的莱茵霍尔德·梅斯纳尔是第一位独自一人登顶珠穆朗玛峰的登山家。

1980年冬季攀登
首次冬季登顶珠穆朗玛峰是由两个波兰人完成的。

1980年西班牙人登顶成功
1974年，西班牙探险队失利；1980年，一支巴斯克登山队成功登顶。

1982年加拿大人的攀登
一支浩大的加拿大登山队来到珠穆朗玛峰，4人葬身冰崩，6人到达山顶。

1984年清理工作
尼泊尔警察部门的36个登山队员清理了山上的一部分垃圾和尸体。

1985年挪威人的纪录
挪威探险队的16个队员登顶成功，其中包括55岁的美国人迪克·贝斯，他在很长一段时间内都是登顶者中年龄最大的人。

1991年夏尔巴人登顶
一支全部由夏尔巴人组成的登山队登顶珠穆朗玛峰。

1993年春季清理活动
一项为期两个月的清理工作由尼泊尔登山俱乐部发起。

1996年暴风雪造成的山难
在一次探险中12人死于山难，为此，向导们坚决要求参与探险的人员要至少具备一点登山经验。

1996年十次登顶
夏尔巴人昂·瑞塔十次无氧登顶珠穆朗玛峰，创下了纪录。

小羚羊

1999年找到马洛里的尸体
一支美国探险队试图解开马洛里和欧文的失踪之谜，他们找到了马洛里的尸体，并把他埋葬。

儿童探索百科丛书

权威的百科丛书　严谨的历史视角　生动的故事叙述

细腻的手绘插图　震撼的现场照片　精美的超长拉页
全方位展示一幅幅史诗级的历史画卷

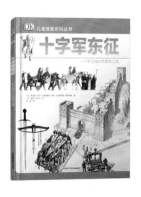